24 mars   Sciences Naturelle

Mr Mercier

NOTICE

DES PRINCIPAUX OBJETS

D'HISTOIRE NATURELLE

ET DES ARTS,

Qui composent le Cabinet de M. MERCIER.

DONT la Vente se fera sous la Direction du sieur DUFRESNE, l'aîné, Lundi 24 Mars 1783, & jours suivans, quatre heures précises de relevée, en face de la Statue équestre d'Henri IV, la première porte à gauche en entrant par la Place Dauphine, où cette Notice se distribue.

On prie MM. les Amateurs de s'y trouver de bonne heure.

A PARIS,

De l'Imprimerie de PRAULT, Imprimeur du Roi, Quai des Augustins.

M. DCC. LXXXIII.

CE Cabinet offre un choix d'objets concernans l'Histoire Naturelle & les Arts, qui satisfera également le Naturaliste, le Lapidaire & le Bijoutier. On y trouvera rassemblées, les Coquilles les plus rares & les mieux conservées, telles que la Navette, l'Arrofoir, la Scalata, le Marteau, la Cuisse, les Amiraux, des Huitres épineuses de la plus grande beauté, une suite considérable de Coraux, des Minéraux rares en Or, Argent, &c. De très-belles Cristallisations, des Agates, des Pierres fines, des Cristaux de Roche accidentés, des Coupes, Vases & Figures d'Agates, de Cristal de Roche, des Poignards à manches de Cristal de Roche garnis en Rubis & incrustés d'or, d'autres en Jade, en Jaspes, &c. Des Tableaux en Pierres de rapport, d'autres peints sur toile, sur bois, sur cuivre, sur glace, sur albâtre ; des Mi-

A ij

niatures & Émaux par Petitot & autres ;
des Deſſins , des Bronzes ; des Bagues
d'Agate arboriſée , de Topaſe , Amé-
thyſte , & autres Pierres de couleur ; des
médailles en Cuivre, en Argent , & beau-
coup d'autres Objets curieux. Le temps
n'a pas permis d'en faire un Catalogue
détaillé.

Nous nous contenterons d'indiquer
par Vacation les principaux objets ; tout
ce qui compoſe la Vente ſera expoſé
à la vue des Amateurs , le Vendredi 21 ,
Samedi 22 & Dimanche 23 Mars 1783 ,
depuis 11 heures juſqu'à une heure.

Le matin de chaque Vacation , on
expoſera également depuis midi juſqu'à
une heure, les Objets qui ſeront vendus
le ſoir.

NOTICE
DES PRINCIPAUX OBJETS
D'HISTOIRE NATURELLE
ET DES ARTS.

Du Cabinet de M. MERCIER.

PREMIERE VACATION,

Du 24 Mars, quatre heures de relevée.

Nᵒˢ 1 UNE Branche de Corail, dépouillée & polie, du plus beau rouge.

2 Une Méandrite à sinuosités fines.

3 Un Madrépore agaric & une tonne cordée.

4 Un Lot de Vermiculaires, dont un antale verd.

A iij

5 Un Lepas, Parasol Chinois, 3 pouces 9 lignes.

6 Un grand Lepas en entonnoir, dépouillé & poli, de Magellan.

7 Un très beau Sabot dépouillé jusqu'à la nacre & poli.

8 Une Brunette, 3 pouces & demi.

9 Une fausse Aîle de Papillon, 2 pouces un quart.

10 Une Gondole mamillaire, panachée.

1 Un Zebre.

12 Une Porcelaine nommée la Géographie.

13 Un très joli Grouppe de quatre Gâteaux feuilletés, deux Roses, deux Jonquilles.

14 Une très jolie Huitre épineuse ponceau nuée de Rose.

15 Une très belle Telline striée à rayons jonquilles, sur un fond rose, nommée la pince de Chirurgien, 3 pouces de longueur.

16 Une Came, écriture Chinoise, 3 pouces un quart.

Les N.os 17 & suivans, jusques & compris
le N.o 42 indiquent des lots de Coquilles,
la plupart rares & bien choisies, que le
tems ne nous a pas permis de détailler.

43 Un riche morceau de Pyrites auriferes,
mêlées de Cristaux, d'argent rouge dans
le quartz, de Hongrie.

44 Un morceau de Mine d'Argent Vierge
d'Almont.

45 Un joli morceau d'Argent Vierge cristallisé en feuilles de fougere, du Pérou ;
il pese près de cinq onces.

46 Un morceau de Cuivre gorge de pigeon,
poli sur toutes ses faces, de Siberie.

47 Un morceau de Zéolite à longs filets, de
Féroë, & deux petits morceaux de Man-
ganaise, avec Cristaux de fers rouge, transparans.

48 Un très-beau Plateau d'Hématile mamelonnée & dorée, de Cologne, 6 pouces
& demi sur 6 pouces.

49 Un beau Grouppe de Pyrites cristallisées,
couleur d'or.

A iv

50 Un beau Grouppe de Criſtaux de Spath ;
vitreux cubiques, blancs, mêlés de gros
Criſtaux réguliers de Galêne teſſulaire,
de près de deux pouces de diametre,
avec blende.

51 Un ſuperbe Grouppe de Criſtaux cubiques
de Spath vitreux, recouverts des deux
côtés de Pyrites colorées du plus vif
éclat, 4 pouces ſur 3 pouces.

52 Un Grouppe de Criſtaux de Spath
calcaire, pyramidal, recouvrant preſqu'en
entier des cubes de Spath vitreux ; ce morceau eſt d'une blancheur éclatante.

53 Un Bloc ſans gerçure, de prime de grenat,
9 pouces de largeur ſur 4 d'épaiſſeur ; il
vient du Cabinet de M. d'Azaincourt,
N° 454.

Sous les N°ˢ 54 & ſuivans, juſques & compris le N° 59, ſont pluſieurs lots de
mines & criſtalliſations.

60 Un morceau de Criſtal de roche poli.
On diſtingue dans l'intérieur, de longs
filets de Schorl rouge ; il adhere à un

criftal de Mica à fix pans; plus trois cailloux de Médoc, ou criftal de roche roulés très-nets.

61 Trois morceaux de Criftal de roche accidentés, dont un ayant dans l'intérieur des éguilles déliées de Schorl verd.

62 Un Canon de criftal de roche très-net de fix pouces de longueur, fur un pouce trois quart de diametre; on remarque fur un des côtés de petites éguilles de criftal qui en fortent prefqu'en angle droit, & dont la feconde pyramide fe diftingue dans l'intérieur.

63 Une Cuvette de criftal de roche en forme de coquille, avec des deffins de feuillages; 4 pouces de longueur fur 3 pouces de large.

64 Deux Plaques ovales coupées l'une fur l'autre, de fardoine à rubans fauves fur un fond blanc.

65 Quatre petites Plaques d'agate, dont trois arborifées.

66 Quatre morceaux taillés & polis de
belle cornaline, dont deux ovales &
deux Cachets tournans à trois faces.

67 Deux Plaques ovales de cornaline &
un Œuf d'ambre.

68 Quatre Miniatures sous verre, représentans des Femmes.

69 Une Gorge d'or pour tabatiere à charniere, bien cizelée & neuve.

70 Une Montre à boëte d'argent, du nom
de Marteau.

71 Un Microscope.

72 Onze Médailles d'argent.

73 Une Table en bois de chêne, & sa
cage en verre blanc; 2 pieds 3 pouces
de long, sur 1 pied 11 pouces de
large.

Sous les Nos 74 & suivans, jusques &
compris le N° 100, sont Plaques d'a-
gate, Bijoux, Médailles & autres objets
curieux.

SECONDE VACATION.

Du 26 Mars, de relevée.

101 Un beau Madrépore agaric, sur un pied
de bois peint verd & or.

102 Un arbrisseau de corail rouge, sept
pouces de haut & 7 de large, sur son pied
de bois peint en verd & or.

103 Un Burgau, conservant son épiderme
de la plus belle couleur verte, tachetée de
brun & de blanc.

104 Huit Nérites du plus beau choix.

105 Une belle Couronne Impériale de trois
pouces.

106 Deux belles Flamboyantes, brun foncé.

107 Une Flamboyante, un Drap d'or pi-
queté & une Couronne impériale verte.

108 Un Drap d'or & une Brunette, tous deux
très-beaux & de trois pouces un quart.

109 Une Porcelaine nommée le Lievre.

110 Un Buccin unique, & un contr'unique,
très-beaux & de 6 pouces de longueur.

111 Une Huitre épineuse blanche , à tête
ponceau , à talon très-prolongé.

112 Une superbe Huitre épineuse , rougeâtre , à très-fines éguilles.

113 Une belle Huitre épineuse blanche , à
tête nuée de ponceau.

114 Une superbe Huitre épineuse blanche ,
à tête rose , dont les épines s'élargissent en
feuilles de persil , sur une valve d'arche de
Noé.

115 Une belle Solle des Indes.

116 Un Jambon papiracé , couleur de rose.

117 Une Moule de Magellan , dépouillée
& polie.

118 Et suivans jusques & compris 141 font
lots de coquilles.

142 Un Flacon de cristal de roche , contenant de la platine.

143 Un riche morceau d'argent vierge cristallisé en octaëdres perçant de toutes parts ;
un Spath blanc , du Furstemberg , sous cage
de verre.

144 Un très-beau morceau de Mine de fer
cristallisé de Framont.

145 Mine de cuivre verte striée sur mine de
cuivre grise, décomposée, de Fineberg.

146 Une Pyrite compacte polie ou Pierre
des Incas, 7 pouces sur 5 pouces.

147 Un superbe grouppe de Pyrites, queue
de Paon du plus vif éclat sur quartz; 6
pouces sur 5 pouces.

148 Un morceau de Cadmie phosporique.

149 Un grand morceau de Calamine veloutée, d'Hoffsgrund.

150 Grenat dodécaèdre solitaire dans une
gangue micacée des environs de Bologne,
Forste 1780, n°. 590.

151 Un joli buisson de Flos-ferri.

152 Un grouppe de Flos-ferri, formant
le godet.

153 Un morceau de Cristal de roche, taillé
& poli, contenant des écailles dans l'intérieur.

154 Un grand Canon de criſtal de roche à deux pointes, ſcié & poli ; l'intérieur eſt rempli d'une eſpece de mouſſe, ce ſont de très-petits criſtaux de Schorl verd qui produiſent cet effet ; 6 pouces ſur 2 & demi.

155 Une Eguille de criſtal de la plus belle eau ; on remarque ſur une de ſes faces une dépreſſion formée par une autre éguille qui y étoient adhérente.

156 Un Criſtal accidenté avec amiante, deux Cornalines & un Lapis gravé, une Eguille de Tourmaline, & deux Cuillieres de criſtal de roche.

157 Cinq Pommes de Canne, ſçavoir : une de criſtal de roche, deux de cornaline & deux d'ambre.

158 Deux Plaques ovales de cornaline.

159 Une Tabatiere quarrée à cuvette & ſon couvercle de criſtal de roche, guilloché en loſanges.

160 Une petite Figure en criſtal de roche, 3 pouces 4 lignes de haut.

161 Un superbe Poignard à lames de Damas, très fine, à manche de cristal de roche, taillé en tête de bélier, garni de rubis & d'émeraudes serties en or, dans sa guaine de roussette verte à taches rouges.

162 Deux petites Colonnes d'agate, 4 pouces de haut.

163 Une Loupe de perle, formant une grappe de raisin.

164 Une Bague d'une améthyste, montée en or.

164 Un Diamant jaune pesant plus d'un karat.

166 Un Chapelet de corail, un d'améthyste & deux d'agate onix.

167 Deux belles Plaques de Cailloux d'Egypte & une d'ambre.

168 Une Plaque de Jaspe fleuri rouge, une de Caillou d'Egypte & une d'agate d'Orient.

169 Une Montre à boîte d'argent, avec chaîne d'acier.

170 Les suivants jusques & compris 199,
indiquent des lots d'Agates, Mines, Cristallisations, Miniatures, Bijoux, Médailles & autres objets curieux.

200 Une Table & sa Cage de verre, même
mesure que celle de la Vacation precé-
dente.

TROISIEME VACATION.

Du 27 Mars, de relevée.

201 Un Arbrisseau de corail rouge sur son
pied de bois peint ver & or; huit pouces
sur 5 pouces.

202 Un Nautile chambré, dépouillé jusqu'à
la nacre.

203 Un Nautile chambré, scié pour laisser
voir les chambres & le siphon.

204 Un très-beau limaçon enorchite d'un
gros volume; il porte 3 pouces.

205 Un Amiral d'Angleterre.

206 Un Aîle de Papillon (Cornet).

207.

207 Deux Cornets rares , flambés, de fauve
sur un fond blanc.

208 Deux Tigres à bandes jaunes.

209 Deux grandes Olives à bouches roses.

210 Deux très-beaux Casques pavés.

211 Une Porcelaine nommée le Lievre.

212 Une belle Huitre épineuse blanche ,
sur du corail blanc oculé.

213 Une très-jolie Huitre épineuse aurore.

214 Un Marteau.

215 Une Bigorne.

216 Un cœur à fortes cavités près les vo-
lutes, de Ceylan.

217 Une Came *cedo nulli*.

218 Une Dail opale , dépouillée & polie ,
de grand volume ; 4 pouces.

Les N°ˢ 219 & suivans jusques & compris
240 sont lots de Coquilles.

241 Un joli morceau de Mine d'or arseni-

cale, recouvert de Spath calcaire, couleur de chair de Nagyag.

242 Mine de fer cristallisée & colorée, de Framont.

243 Un plateau de Mine de Plomb tessulaire, recouvert de cristaux de roche très-brillans.

244 Mine d'antimoine en plumes, les unes rouges, les autres grises, de Braunsdorff Forst, 1780. N°. 890.

245 Un grouppe de Cristaux prismatiques & déliés de sélénite transparente.

246 Un beau grouppe très-brillant de Spath séléniteux, en lames quarrées blanches, posées de champ & semées de pyrites.

247 Un grouppe de Topase de Saxe & un de Spath hexagones, à sommets tronqués du Hartz.

248 Une Corne d'Ammon, sciée en deux & polie, à cloisons pyriteuses, dont les intervales sont remplis de cristaux de Spath.

249 Une Pierre de Florence, repréſentant
des ruines, dans une boîte dorée.

250 Un très-beau Canon de criſtal de roche
de la plus belle eau ; 5 pouces ſur 2 pouces & demi.

251 Deux Poires de criſtal de roche, avec
iris.

252 Un Vaſe couvert en criſtal de roche,
orné de fleurons cizelés.

253 Deux Colonnes d'albâtre, de 8 pouces.

254 Une Taſſe & ſa Soucoupe d'agate d'O-
rient.

255 Une Coupe ovale d'agate d'Allemagne;
5 pouces ſur 3 pouces & demi.

256 Une Coupe tranſverſale d'un canon de
criſtal de roche, de 4 pouces de diametre,
avec mouſſe verte dans l'intérieur.

257 Deux Plaques quarrées de beau Caillou
d'Egypte arboriſé, brun foncé.

258 Deux Plaques ovales de Cailloux repré-

sentans des figures, dans leurs bordures de bois doré.

259 Une petite Agate onix , une Pierre des Amazones & cinq Agates arborisées , dont une rouge.

260 Deux Plaques ovales d'agate de Saxe , à rubans maron foncé sur un fond blanc , Gall. n°. 443.

261 Une Main de corail montée en argent , & une Cuilliere de cristal de roche.

262 Trois Plaques ovales de cornaline.

263 Une très-belle Agate blanche , deux Cachets tournans , l'un de cornaline , l'autre de cristal , & deux pommes de canne de jaspe panthere.

264 Trois Topases du Bresil , & un Grenat , taillés pour être monté en bague.

265 Une belle Améthyste montée en bague.

266 Un Grenat monté en bague.

267 Une Agate arborisée montée en bague.

268 Un Médaillon peint émail, repréſentant
un Magiſtrat coëſſé d'une grande perruque.

269 Une Montre à quantieme dans ſa boîte
d'argent , & ſa chaîne en ſimilor & acier.

270 Une Table & ſa cage de verre.

Les Nᵒˢ 271 & ſuivans juſques & compris
le Nᵒ. 297 ſont lots de Mines , de Criſtalliſations , Agates , Médailles & autres objets curieux.

298 Un bon Tableau peint ſur cuivre , repréſentant l'adoration des Bergers ; on y
compte dix figures ; onze pouces de large
ſur huit de haut , dans ſa bordure de bois
ſculptée dorée.

299 Un Tableau très-bien peint ſur toile ;
repréſentant un lievre , un faiſan & d'autres
pieces de gibiers attachés contre une cloi-
ſon. Hauteur 3 pieds de haut ſur 2 pieds
& demi de large , dans ſa bordure dorée.

300 Un Tableau peint ſur toile , repréſentant
des poiſſons & des oiſeaux de riviere ; trois
pieds deux pouces de haut ſur deux pieds
& demi.

B iij

QUATRIEME VACATION.

Du 28 Mars, de relevée.

301 Un joli Arbrisseau de corail en buisson, à ramifications déliées, sur son
pied en bois peint, verd & or, 6 pouces de haut sur 4 lignes.

302 Un grand Lépas à bords bruns chatoyans.

303 Un très-beau Cordon bleu.

304 Trois Nérites rares, savoir ; une à
points d'Hongrie fauve à bouche violette,
les deux autres à points parallelles bruns
sur un fond blanc.

305 Un beau Cornet nommé la Tulipe.

306 Un Buccin terrestre nommé la Perdrix,
dépouillé & poli.

307 Une superbe Tasse de Neptune, panachée de chevrons bruns sur un fond fauve,
cinq pouces de longueur.

308 Deux Taffetas.

309 Une Ailée du premier âge , du rose
le plus vif.

310 Deux belles Musiques en pendant , mais
variées pour la marbrure , 2 pouces 9
lignes.

311 Une très-belle Porcelaine piquetée de
blanc , sur un fond nommé la Biche.

312 Une Huitre épineuse , aurore.

313 Une superbe Huitre épineuse à tête ,
nuée de ponceau à très-longues épines
blanches applaties , s'élargissant à leur
extrêmité.

314 Une Huitre épineuse nuée de rouge ,
adhérante à du corail blanc oculé.

315 Un très-beau Maron blanc épineux.

316 Une Came rayons de miel , très-bien
conservée.

317 Une superbe Figue panachée , violette
dans l'intérieur.

318 Et suivans , jusques & compris 339.
B iv

désignent des Lots de Coquilles univalves
& bivalves·

340 Uue Plaque polie sur une face, de
mine d'argent Vierge avec un peu de
Spath.

341 Un morceau de Malaquite solide;
striée d'un verd foncé, veloutée à sa
surface.

342 Un très-beau morceau de Mine de
fer de Framont coloré.

343 Un superbe Grouppe de Pyrites mame-
lonnées, très-brillantes.

344 Un joli Plateau de Flos-ferri de Sainte
Marie.

345 Un très-beau morceau de Spath vitreux
cubique couleur de topase, & presque
recouvert en entier de petits Cristaux de
roche à deux pointes, du blanc le plus
éclatant.

347 Un joli morceau de Quartz cristallisé
blanc, disposé en grandes lames minces,
verticales & sémées de pyrites.

348 Un très-beau Grouppe de Criftaux de
Spath calcaire, en longues éguilles blanches
prifmatiques, difpofées en faifceaux.

349 Deux Éguilles de Criftal de roche, de
la plus belle eau, 4 pouces & demie de
longueur.

350 Une petite Boëte ronde & fon couvercle, & deux Cuvettes de Criftal de
roche.

351 Une Coupe ronde d'Agate blanche.

352 Une Coupe ronde & fon pied d'Agate
d'Allemagne, hauteur totale 4 pouces,
fur pareille largeur.

353 Deux fuperbes Plaques de Cailloux
d'Egypte.

354 Une grande Plaque ovale de Lapis,
collée fur ardoife, 9 pouces fur 7 pouces.

355 Une grande Plaque épaiffe de Lapis
bleu & blanc, 4 pouces fur deux pouces
& demi.

356 Trois Cornalines ovales très belles,
& deux petites Plaques de Malachite.

357 Dix-huit Boutons de veste en Agate
noires & blanches, taillées à facettes.

358 Une Tabatiere en baignoire à cuvettes,
d'une seule piece ainsi que le couvercle,
en Jaspe Onix verd & brun de Sibérie,
avec bouquets de rose de relief pris sur
piece ; les Amateurs connoissent la difficulté d'un pareil travail.

359 Une Tabatiere d'Agate noire, en cage,
en or de Manheim.

360 Un Rubis & une Topase du Brésil,
taillés pour bague.

361 Une Bague d'une Agate arborisée,
montée en or.

362 Une Bague en chiffre, entourée de
jargon.

363 Une Bague d'une belle améthyste, montée en or.

364 Une Bague d'un rubis du Bréfil;
montée en or.

365 Une Bague d'une topafe du Bréfil;
montée en or.

366 Une paire de Boutons de manche;
d'or à mille points.

367 Une fuperbe Lunette de longue vue,
en rouffette, garnie en argent, faite à
Paris par Sayde Opticien du Roi.

368 Une Table & fa cage de verre blanc.

369 Idem.

370 Et fuivans, jufques & compris 400,
font des Lots de Mines, Criftallifations,
Agathes, Bijoux, Médailles & autres
Objets curieux.

CINQUIEME VACATION.

Du 29 Mars, de relevée.

401 Un Arbriffeau de corail fur fon pied
vert & or; 9 pouces fur 6.

402 Un Nautile papiracé à carenne étroite
& noire.

403 Un Sabot papiracé, orné de lignes circulaires granuleufes, rare.

404 Un Burgau dépouillé & poli, refléchif-
fant les plus vives couleurs de l'arc-en-ciel.

405 Un Tigre, dont les traits bruns foncé
font très-ferrés; il eft orné vers fa pointe
d'une zône jonquille.

406 Une Couronne Impériale à clavicule
applatie; 3 pouces de longueur.

407 *Idem.* à clavicule plus élevée.

408 Un grand Tigre à petites taches, à
clavicule élevée; 4 pouces 3 quarts.

409 Une belle Spéculation.

410 Une grande Olive de Panama; 3 pouces 8 lignes.

411 Une Perdrix.

412 Une jolie Harpe nuée de rofe.

413 Une Musique & un Pleinchant; ces deux
coquilles sont très-belles.

414 Une belle Couronne éthiopique; 5
pouces 1 quart.

415 Un Œuf blanc papiracé.

416 Un Marteau; 6 pouces & demi.

417 Une Bigorne ou Enclume; 6 pouces
un quart.

418 Une Cuisse tortueuse; 7 pouces.

419 Une Huitre épineuse, nuée de rose,
à feuilles de persil.

420 Une superbe Huitre épineuse, fond cerise, à épines blanches.

421 Une très-jolie feuille de Chou frisé,
bien conservée.

422 Une superbe moule de Kinea, polie,
ayant les couleurs les plus vives.

423 Une grande & belle Came réseau, à
rubans cerise, sur un fond blanc nué de
rose; 3 pouces 1 quart.

Le N°. 424 & suivans jusques & compris le
N°. 442, sont lots de coquilles qui seront
divisés.

443 Un beau morçeau de mine d'argent,
grise cristallisée, avec pyrites auriferes &
spath pesant, de Kapnick en Transilvanie,
Foist 1780, n°. 1408.

444 Un beau morceau de Mine d'argent
rouge, cristallisée, de Guadalcanal.

445 Un morceau épais de Malachite de Sibérie, poli sur deux faces.

446 Un morceau de Plomb jaune, en fines
éguilles capillaires du Bannat; & une
Hæmatite dorée de Dillemburg.

447 Un beau morceau de mine d'Antimoine
en longues éguilles spéculaires, chargées
de cristaux rhomboidaux de Spath pesant,
& de soufre natif d'antimoine.

448 Un grouppe de Cristaux cubiques de
Spath vitreux, recouvert de pyrites gorge
de pigeon de la plus vive couleur.

449 Un joli grouppe de Pyrites colorées, recouvrant un ſpath calcaire mamelonné, avec criſtaux de ſpath piramidal à deux pointes.

450 Un grouppe de Spath piramidal, ſemé de pyrites; on en apperçoit dans l'intérieur qui forment une double piramide.

451 Un joli grouppe de Criſtaux de Schorl violet du Dauphiné.

452 Un gros Grenat dodecaëdre poli ſur toutes ſes Faces, de Bohême.

453 Un joli grouppe de Spath criſtalliſé, en lames très-minces, diaphanes, poſées de champ, & un morceau de Pectein tranſparent.

454 Un Canon de criſtal de roche, d'une belle eau; 4 pouces ſur 1 pouce & demi.

455 Deux Plaques ovales polies, l'une de cornaline, l'autre de lapis.

456 Deux Œufs d'ambre & une Plaque de lapis.

457 Une Plaque d'agate Orientale blonde,
ponctuée de noir, & un Caillou d'Egypte
brun, à veines noires.

458 Deux très-singulieres Plaques de Caillou
d'Egypte à zônes circulaires brunes, sur
un fond gris.

459 Deux Plaques ovales d'agate d'Orient,
marbrées de noir sur un fond blanc, &
une Plaque quarrée de bois pétrifié.

460 Une Tabatiere complette en six plaques,
de belle sardoine Orientale blonde, mar-
brée de noir.

461 Une Coupe ovale d'agate d'Allemagne;
5 pouces sur 3.

462 Une Coupe ronde à cannelures d'agate
grise, & une en forme de lampe antique
en jaspe rouge & blanc.

463 Un Collier à deux rangs de gros grenats.

464 Onze Médailles antiques en argent.

465 Deux Cuvettes de montre, émaillées;
l'une représente l'Amour & Psiché; l'autre
le

le mariage de Vénus & de Vulcain en pré-
sence de Mars, d'Hébé & de Mercure.

466 Un Tableau repréfentant S. Michel,
très-bien peint fur albâtre orientale, dans
fa bordure de bois doré ; 10 pouces de
hauteur fur 6 & demi de large.

467 Un Tableau ceintré par le haut, très-
bien exécuté en lapis, cornaline, jafpe
& autres pierres de rapport, repréfentant
un Perroquet perché fur un arbre; hauteur
6 pouces, largeur 4 pouces.

468 Idem.

469 Une Bague d'une améthyfte, montée
en or.

470 Une Bague d'une topafe du Bréfil,
montée en or.

471 Une Bague d'une agate arborifée,
montée en or.

472 Une Table & fa Cage de verre.

473 Idem.

C

474 Et suivans jusques compris 500, sont des Cristallisations, Agates, Bijoux, Médailles, Tableaux, &c. qui seront divisés.

SIXIEME VACATION.

Du 31 Mars, de relevée.

501 Un Arbrisseau de corail sur son pied, peint en verd, 8 pouces de haut sur 6 de large.

502 Un Arrosoir bien conservé & dont la tige est droite, il porte 5 pouces 4 lignes de longueur.

503 Un petit Sabot de l'espece de celui du N° 403, & aussi bien conservé.

504 Un Burgau dépouillé & poli, du plus bel orient.

505 Un Amiral.

506 Une belle Brunette à taches blanches très-nettes, sur un fond brun, 3 pouces & demi de long.

507 Une très belle Tasse de Neptune ou

Gondole mamillaire agréablement panachée de chevrons & de taches onduleuses
brunes , fur un fond fauve avec une large
fafcie plus blanche que le refte du fond,
fur le milieu de fa robe , 5 pouces fur 3
& demie.

508 Une grande Couronne d'Ethiopie fauve,
bien confervée , 6 pouces & demie fur
5 pouces.

509 Un Joli Radix papiracé.

510 Un petit Cafque rare à robe légerement reticulée , à bandes longitudinales,
fauves fur un fond tirant fur le verd
céladon.

511 Un Grouppe de trois Huitres des
Indes, jafpées de petites lignes en chevrons bruns & violets fur un fond blanc.

512 Une très-belle Huitre à longues épines ,
de couleur ponceau foncé ainfi que le fond
de fa robe.

513 Une très-belle Huitre épineufe, blanche , à tête nuée de ponceau à longues

C ij

épines applaties & recourbées ; on remarque fur la valve inférieure une petite Huitre
couleur de feu qui y adhere.

514 Un *Concha Exotica* bivalve ; de 3
pouces 9 lignes de diametre.

515 Une Coraline violette bien confervée.

516 Une très-belle Came rezeau, dépouillée
& polie, ayant fept rubans rofes bien
diftinéts.

517 Une belle Came *cedo nulli.*

518 Une Valve d'un volume extraordinaire
d'une moule bleue chatoyante de Magellan,
elle porte 6 pouces & demi ; elle vient
du Cabinet de M. Gallois, N°. 1467.

519 Un beau morceau de Mine d'argent
rouge criftallifée, dans un Spath calcaire,
d'Almaden.

520 Cuivre criftallifé réfléchiffant les plus
belles couleurs de bleu & de violet.

521 Une grande Plaque épaiffe de Malachite
polie des deux côtés, de *Sibérie.*

522 Un morceau de Mine de fer spéculaire cristallisé, de l'isle d'Elbe, il réfléchit les plus brillantes couleurs.

523 Un grouppe d'éguilles de plomb blanc satiné rassemblées en faisceaux & recouvertes en partie par du cuivre soyeux verd ; de Glucksrade.

524 Un joli morceau sans matrice de Mine d'Antimoine en faisceaux d'éguilles capillaires, réfléchissans les plus vives couleurs de l'arc-en-ciel, de Hongrie.

525 Un joli grouppe de Pyrites dodecaëdres très brillantes, d'un jaune doré, dans un Spath blanc de l'isle d'Elbe ; ce morceau est très éclatant.

526 Un gros Canon de cristal de roche coloré en rouge, de plus de deux pouces de diametre, recouvert en grande partie de Pyrites cristallisées chatoyantes, gorge de pigeon.

527 Un Grouppe très-agréable de Spath calcaire pyramidal, saupoudré de pyrites ; Catalogue Forst, 1780, N° 17.

C iij

528 Un charmant Grouppe de criſtaux de Spath, vitreux cubique, jaune, ou fauſſe Topaſe ſemée de criſtaux de roche blanc à deux pointes, & les plus éclatans.

529 Deux grandes & belles Plaques de Spath vitreux, criſtallin & tranſparent, coupées l'une ſur l'autre, à zônes concentrés & violet foncé ſur un fond blanchâtre, les deux morceaux rapprochés ont neuf pouces de diametre.

530 Un morceau de Criſtal de roche poſi de tous côtés, il contient intérieurement des fines éguilles priſmatiques de Schorl rouge.

531 Une Tabatiere quarrée à cuvette, & ſon couvercle de criſtal de roche guillochée.

532 Deux Plaques d'agate rubannée, à zônes concentriques onduleuſes de la plus grande fineſſe, ſur un fond blanc criſtallin, elles viennent du Cabinet de M. Gallois, N° 433 de ſon Catalogue.

533 Deux Plaques ovales d'agate blanche,

remplies intérieurement de filets divergens couleur de feu.

534 Une Plaque de beau caillou d'Egypte à filets concentriques, une d'agate blanche très-fine à filets onduleux tirant fur le rofe, & une Plaque de bois agatifié.

535 Six morceaux de Cornaline, dont quatre ovales, les deux autres en Cachets tournans à trois faces.

536 Une Plaque émaillée ovale, repréfentant un bouquet de rofes, deux petites agates gravées en creux, une Plaque ovale de jafpe fanguin & une quarrée d'agate d'O-rient femée de quelques arborifations rouges.

537 Une Coupe ovale d'agate nuée de rouge, 3 pouces un quart fur 2 pouces & demie.

538 Un Vafe couvert de jafpe rouge & jaune en forme de ciboire, fermant à charniere & garni en filigrane d'argent, hauteur totale 5 pouces & demi, largeur 3 pouces & demi.

C iv

539 Deux Rubis & une Topase du Brésil, taillée pour bague.

540 Une Bague d'une jolie agate arborisée, taillée en cœur & montée en or.

541 Une Bague d'une améthyste, montée en or.

542 Une Table & sa cage de verre, pareille à celle des précédentes Vacations.

543 *Idem.*

Sous les Numéros 544 & suivans, jusques & compris le N° 600, sont, Coquilles, Mines, Cristallisations, Médailles, & autres Curiosités qui seront détaillées lors de la Vente.

SEPTIEME VACATION.

Du premier Avril, de relevée.

601 Un très joli Arbrisseau de corail rouge, 6 pouces sur 5 pouces.

602 Sept petits Lépas du plus beau choix, dont un couleur de rose, un Bouclier, un

Fluviatile blanc grenu, ayant une fente
longitudinale qui part du milieu de la coquille & fe termine à fa bafe.

603 Un petit Burgau dépouillé & poli.

604 Une Oreille de mer de la nouvelle
Zélande, dépouillée & polie, ayant bel
orient vert & bleu. 4 pouces & demi.

605 Un Buccin fluviatile nacré; on a en-
levé la premiere couche de la coquille de
maniere à former une feuille de capillaire
qui monte jufqu'à la pointe.

606 Un beau Spectre à taches noires.

607 Une très-belle Brunette à taches trian-
gulaires blanches, fur un fond orangé.
3 pouces & demi.

608 Un Buccin de Magellan, nommé la
Licorne; & une Bulle blanche, ornée dans
toute fa robbe de petites lignes circulaires
noires, dont cinq plus faillantes, de Ceylan.

609 Une jolie Mufique. 2 pouces & demi.

610 Un grouppe de deux belles Huitres

épineuses d'Amérique, nuées de rose sur
un fond blanc, adhérentes à une branche
de corail blanc oculé ; à une des épines
adhere le lithophite cheveu de mer.

611 Une Huitre de même nature que les
précédentes, aussi sur corail blanc.

612 Une Huitre pareille aux précédentes;
sur le talon de laquelle adhere une autre
petite Huitre épineuse.

613 Une Huitre des Indes, orangée, à
feuilles courtes & serrées sur la valve inférieure, & légérement épineuse sur la supé-
rieure.

614 Un *Concha exotica* bivalve, conservant
son nerf.

615 Une Came réseau à trois rubans roses.

616 Une Moule bleue chatoyante de Magellan bien orientée. 3 pouces 9 lignes.

617 Un joli morceau de Mine d'argent
vierge & d'argent vitreux, avec un peu de
spath, de Konsberg, de près de deux onces,

618 Un fort grouppe de Criſtaux de galene
teſſulaire ; on remarque dans le milieu de
chaque cube un ſecond cube dont les
angles ſont oppoſés à ceux du premier,
ſur un ſpath à rayons divergens, d'Angleterre.

619 Un grand morceau de Malaquite mamelonnée, fiſtuleuſe.

620 Un grand morceau brillant de Blende
criſtalliſée, avec criſtaux de ſpath vitreux
cubique, ſaupoudrés de pyrites.

621 Un beau grouppe de Criſtaux de ſpath
vitreux cubique, ſemés de petits criſtaux
de roche à deux pointes très-éclatans.

622 Une très-jolie criſtalliſation de Spath
calcaire, d'un blanc éclatant ſur ſpath vitreux cubique & blende.

623 Un grand & ſuperbe grouppe de Spath
hexagone blanc, à ſommets tronqués, du
Hartz.

624 Deux longues Eguilles de criſtal de

roche d'une très belle eau, 5 pouces de
longueur.

625 Une coupe ovale d'agate rougeâtre,
4 pouces sur 3 & demi.

626 Un Couteau turc à manche de jade
vert oriental, dans sa gaine de roussette
verte, mouchetée de rouge.

627 Deux morceaux de Cristal de roche
accidentés & deux plaques très-minces,
rubannées couleur de rose ; ces deux
agates sont de la plus belle qualité.

628 Deux Plaques d'agate de Roclitz, coupées l'une sur l'autre très-minces, à zônes
onduleuses rouges sur un fond cristallin,
du Cabinet de M. Gallois, n°. 440.

629 Une Bague d'une grande améthyste,
montée en or.

630 Une Bague d'une aigue marine à huit
pans, montée en or.

631 Un petit Carton contenant 110 Rubis
& Emeraudes.

632 Un Portrait d'homme très-bien peint
en émail & monté en or pour bracelet.

633 Une Bague d'une tête de femme en
agate onix , très-bien gravée , de relief
blanc mat fur un fond de fardoine , mon=
tée en or.

634 Un Bufte en relief de Monfeigneur le
Comte d'Artois, en agate blanc mat , collée
fur une fardoine.

635 Le Bufte de Madame la Comteffe d'Ar=
tois, auffi de relief en agate blanche ,
collée fur une fardoine.

Ces deux Morceaux font intéreffans par
leur belle exécution ; ils portent 1 pouce
7 lignes de haut fur 1 pouce 3 lignes de
large.

636 Une Table en bois de chêne , garnie
de fa cage en verre blanc.

637 Idem.

Les N°s. 639 & fuivans jufques & compris
le N°. 700 , défignent des lots de Coquilles , Agates , Criftallifations , Mines ,

Bijoux & autres objets qui seront é-
taillés.

____

HUITIEME VACATION

Du 2 Avril, de relevée.

701 Un bel Arbriſſeau en éventail de crail
rouge, ſur ſon pied de bois peint ʋrd
& or; 10 pouces ſur 7 pouces.

702 Un très-grand Lépas à côtes, nu de
fauve, ſur un fond blanc; 4 pouce &
demi ſur 4 pouces.

703 Un petit Lépas à étages feuilletés blacs;
nommé le Paraſol Chinois.

704 Une Oreille dépouillée & nacrée, e la
nouvelle Zélande; 5 pouces & den.

705 Un Burgau poli, du plus bel Oent.

706 Un Limaçon terreſtre blanc, reculé
à vives arêtes.

707 Un Sabot rare; nommé l'Entonnir;
dépouillé juſqu'à la nacre.

708 Un Tigre rare à très-petites taches ; marqué vers le haut d'un sillon circulaire.

709 Une jolie Tine de beurre.

710 Deux Damiers très-conservés, l'un fond orange, l'autre fond noir.

711 Un Fuseau à dents, de Ternate ; 6 pouces de long.

712 Une Thiare très-vive en couleur ; 3 pouces 3 quarts.

713 Un Bois véiné de grand volume ; 4 pouces.

715 Une Musique de la plus riche couleur, verd de canard.

715 Une belle Tonne, perdrix flambée.

716 Un beau Cul de Mulet fauve, taché régulierement de brun, dans deux zônes.

717 Une belle Conque persique, dépouillée & polie.

718 Une très-jolie Navette ; 2 pouces 7 lignes.

719 Une très-belle Huitre épineuse , à chevrons lilas sur un fond blanc , des Indes.

720 Un Grouppe de deux Huitres épineuses des Indes , panachées de violet.

721 Une belle Huitre épineuse , à grandes feuilles nuées de roses & de ponceau.

722 Un Cœur taillé , très bien conservé.

723 Un petit Cœur très-rare , flambé & à rayons gris de lin sur un fond blanc ; sa forme est très-allongée.

724 Une très-jolie Came jonquille , à trois rubans roses , polie.

725 Une belle Pince de Chirurgien très-colorée , à rayons roses sur un fond jonquille ; 3 pouces de longueur.

726 Deux Moules de Magellan , dépouillées & polies.

727 Une Moule opale des Indes , dépouillée & polie. On a conservé son épiderme verd , sur le bord de la coquille.

728

728 Un Morceau très-riche d'Argent Vierge
cristallisé, dans un Spath blanc, de Saxe.
Il pese 1 marc 2 onces 4 gros.

729 Un beau morceau de Mine de cuivre
soyeuse verte, sur mine de fer hépatique,
du Comté de Sayn Forst. 1780, N° 1317.

730 Quatre Plaques de malaquite, de Siberie, sciées & polies.

731 Un beau morceau de Mine de Fer
spéculaire, couleur d'or, de l'isle d'Elbe.

732 Un morceau très-brillant, de Spat
vitreux cubiques couleur d'eau, saupoudré
de pyrites & semé de cristaux, de Blende,
& d'autres de Spath calcaire, à deux
pointes, à six pans, terminés par une
pyramide triedre, d'Angleterre.

733 Un très-beau Grouppe de Prismes,
minces & transparans, de Sélénite, décaèdre
& rhomboïdale, de Schemnitz Fort. 1780,
N° 496.

734 Un superbe morceau de Calamine,
ayant une teinte jaune dorée, d'Hoffsgrund.

D

735 Une Eguille très-nette de cristal de
roche, de la plus belle eau ; 5 pouces
& demi, sur 1 pouce 8 lignes.

736 Quatre Colonnes torses, de cristal de
roche, de 3 pouces 3 quarts de longueur.

737 Deux belles Plaques d'agate de Rochlitz,
à filets & zônes concentriques rouges,
sur un fond cristallin, du Cabinet de
M. Gallois, N° 438.

738 Deux belles & grandes Plaques à huit
pans, de jaspe rouge brun.

739 Deux plaques épaisses à huit pans, &
deux Cachets tournans de cornaline.

740 Quarante deux grains de belle Agate
blanche, Orientale.

741 Quatre Tasses & leurs Soucoupes d'agate
jaspée, rouge brun.

742 Deux Couteaux Turcs, à manche de
cornaline nuée de blanc, garnis en filigrane de vermeil.

743 Deux Médaillons peints en miniature,

représentans Saint Joseph & Saint Jean,
entourés l'un de dix neuf, l'autre de
20 grains de Lapis sculptés, de belle
qualité.

744 Un Médaillon ovale, émaillé en ca-
mayeu gris, représentant un Peintre qui
fait le portrait d'une jeune fille, 2 pouces
sur un pouce 3 lignes.

745 Une Bague d'une grande améthyste,
montée en or.

746 Une Bague d'une Topase du Brésil,
montée en or.

747 Une Table à plateau creux, & sa cage
en verre blanc.

748 *Idem.*

749 Et suivans, jusques & compris le
N° 800, sont, Coquilles, Mines, Cristallisations, Agates & Bijoux qui seront
détaillés.

NEUVIEME VACATION.

Du 3 Avril, de relevée.

801 Un Arbrisseau de corail rouge, en Arbrisseau adhérent à son rocher.

802 Deux grands Lépas en bateau, l'un fauve & l'autre blanc ; 3 pouces & demi.

803 Huit petits Lépas de choix, dont la clochette, la nacelle, & six couleur de rose.

804 Un Burgau, dépouillé & poli, d'un bel Orient.

805 Une Bouche d'argent & une Bouche d'or ; toutes deux belles.

806 Deux Limaçons terrestres, dont un blanc strié.

807 Un bel Amiral, vif en couleur ; 22 lignes.

808 Une Tine de beurre, à taches rares
sur un fond fauve.

809 Deux Damiers à bandes jaunes, &
une spéculation.

810 Un joli Drap vif, en couleur.

811 Une Oreille de Midas, dépouillée
& polie.

812 Une superbe Musique nuée de verd.

813 Une Harpe couleur de rose.

814 Un Argus.

815 Une superbe Huître épineuse, à
longues épines rouges.

816 Un superbe Grouppe de trois Huîtres
épineuses, savoir : une blanche, une
rose, & une ponceau.

817 Une grande Huître épineuse des Indes ;
fond violet, à courtes feuilles blanches
applaties.

818 Trois très-jolis Gâteaux feuilletés, dont
deux roses & un jaune.

819 Un Cœur de Bœuf épineux, & une Came polie, à bandes rofes.

820 Une Came jonquille, à rubans rofes.

821 Un jolie Manteau ducal, nué de rofe & de brun.

822 Une très-belle Moule de Magellan violette, polie.

823 Une grande & fuperbe Moule opale, dont on a confervé l'épiderme fur le bord de la coquille ; 4 pouces de long.

824 Une Moule opale, dépouillée & polie.

825 Une Louppe de perles en forme de grappe de raifin, & deux pendeloques de perle.

826 Un riche Morceau d'Argent Vierge fans matrice, de Norwege ; 3 onces moins un demi-gros.

827 Un morceau de Malachite fatinée, de Sibérie, poli fur une face.

828 Un Morceau de Fer fpéculaire criftallifé, mêlé de pyrites dodécaëdres très-
brillantes.

829 Un très-beau morceau de Blende criftallifée, brillante, fur une mine de plomb
reffulaire.

830 Quatre Plaques polie, de malaquite,
de Sibérie.

831 Une Cuvette & fon couvercle en lapis;
2 pouces & demi de large, fur 2 pouces
9 lignes de hauteur.

832 Un beau Grouppe de criftaux de quartz;
qui incruftent en entier de grands cubes de
Spath vitreux. Forft. 1780, N° 448.

833 Joli Grouppe de criftaux de roche,
en prifmes déliés, diaphanes en partie
blancs, en partie colorés en brun par du
fer fpatique. Forft. 1780, N° 439.

834 Un très-joli Grouppe de Spath calcaire,
en très-fines éguilles blanches.

835 Un très-beau Grouppe de criftaux
D iij

minces & tranſparens, de Sélénite, en
filets priſmatiques tranſparens, femés çà
& là, fur une baſe de fer ſpatique.

836 Un criſtal de roche accidenté, poli
fur une de ſes faces.

837 Quatres Colonnes torſes de criſtal de
roche, de 5 pouces 3 quart de hauteur.

838 Deux Poires de criſtal de roche, avec
iris.

839 Deux Cachets tournans de cornaline,
& deux petites Cuillieres de criſtal de
roche.

840 Un Coffret quarré d'agate jaſpée, rouge;
4 pouces ſur 3 pouces.

841 Une Boîte d'avanturine factice, montée
en argent.

842 Une Bague d'un grand rubis du Bréſil,
montée en or.

843 Une Bague d'un grand & beau grenat,
raillé en cabochon & à facettes ſur les bords;
elle eſt montée en or.

844 Une Pomme de canne de corail.

845 Un Chapelet de cent trente grains de corail.

846 Le Portrait de Louis XIV, peint en émail par Petitot, sur une plaque ovale ; 1 pouce 3 lignes, sur 1 pouce.

847 Deux Plaques émaillées ; représentans divers sujets de paysages & intérieur de chambres, avec figures.

848 Une petite paire de Bottes très-bien faites, en argent ; de 16 lignes de haut.

849 Une Table & sa cage, en verre blanc.

850 *Idem.*

851 Et suivans, jusques & compris le N.° 900, font Lots de Coquilles, Minéraux, Agates, Cristallisations & bijoux qui feront détaillés.

DIXIEME VACATION.

Du 4 Avril, de relevée.

901 Une superbe Limace bien conservée, à grandes lames & d'une blancheur éclatante. 14 pouces de longueur fur cinq de large, dans une cage vitrée.

902 Un grand Lépas bouclier écaille de tortue. 2 pouces huit lignes.

903 Un Lépas à côtes, à bords feftonnés, d'un bel orient brun fur les bords & à tête blanche; il eft dépouillé & poli.

904 Un très-beau Lépas blanc à côtes; il eft poli.

905 Un grand Limaçon à tubercules & dont la robe eft toute formée de plis nombreux & très-ferrés, fe recouvrant les uns les autres, de la nouvelle Zélande. 3 pouces 4 lignes.

906 Un Burgau dépouillé & poli d'un bel orient.

907 Une Bouche d'argent dépouillée & polie, d'une belle nacre & de grand volume.

908 Une belle Tine de beurre.

909 Une belle Brunette vive en couleur,
3 pouces 9 lignes.

910 *Idem.*

911 Une grande Vis couleur de chair, flambée de blanc. 5 pouces & demi.

912 Une Harpe très-rare à côtes serrées,
nommée le Manteau de S. James.

913 Deux belles Musiques, l'une nuée de
rose & d'oranger, l'autre de verd céladon.

914 Un Fuseau à dents de Ternate. 7 pouces & demi.

915 Un grand Gâteau feuilleté des Indes
fond blanc, à deux rayons rose vif. Cette
belle & rare Coquille porte 3 pouces de
large.

916 Une Huitre épineuse blanche, à longues
épines & à tête orangée.

917 Une très-belle Huitre épineuse à épines
très nombreuses.

918 Une Huitre épineuse cerise, nuée de
ponceau; la pointe du talon est terminée
d'un madrepore œuillet; elle est aussi
grouppée avec un litophite.

919 Un beau Maron blanc épineux des
Indes.

920 Une belle Came jonquille polie.

921 Un joli Manteau ducal panaché de brun.

922 Un riche morceau d'Or natif en lames
minces & en filets capillaires, sur une
gangue quartreuse & ferrugineuse de Boitza
en Transilvanie, n°. 5 du Catalogue de
M. de Gouffier.

923 Un joli morceau d'argent cristallisé dans
le spath de Saxe.

924 Un superbe morceau de Mine de cuivre
cristallisée, colorée.

925 Quatre morceaux de Malaquite de Sibérie, sciés & polis.

926 Une portion d'un très-grand cube de
spath vitreux violet, semé de petits cristaux de roche à deux pointes.

927 Un joli grouppe de Cristaux de Spath
hexagone, à sommet tronqué, du Hartz.

928 Un morceau très - agréable de Spath
calcaire, en fines éguilles blanches, trans-
parentes.

929 Un beau morceau de cristal de roche,
avec éguilles de Schorl rouge dans l'intérieur.

930 Une petite Coupe de cristal de roche,
à canelure & bord à fleurons, sur son pied
de même matiere. 3 pouces de large sur
2 de haut.

931 Quatre Colonnes torses de cristal de
roche. 3 pouces 9 lignes de hauteur.

932 Une Coupe d'agate rubannée grise,
veinée de rose. 3 pouces 8 lignes sur trois
pouces.

933 Un Bouquet artistement fait en co-

quilles naturelles , dans un vafe de même nature , fous cage de verre. Hauteur de la cage 15 pouces , largeur 10 pouces.

934 Un Bufte d'Omphale coëffée de la peau de lion , très bien fculptée , en agate blanche , avec piedouche & fut de colonne canelée d'agate , nuée de gris & de rofe , & fur un focle de porphire rouge. Cinq pouces & demi de haut.

935 Un Bufte de femme de même matiere & faifant pendant à la précédente.

Nota. Ces deux Morceaux méritent confidération, tant par la difficulté que la beauté de leur travail.

936 Deux Plaques de fardoine onix précieufes pour la fineffe de leur pâte & la régularité des bandes & filets maron fur un fond clair , du Cabinet de M. Gallois, N°. 448.

937 Deux Plaques de cornaline jafpée de brun , & une de lapis.

938 Douze petites pierres , telles que Cornaline , Onix , Agate arborifée , Grenat,

Lapis pour bague de la plus belle qua⁻
lité , &c.

939 Une Bague d'une cornaline onix très-
bien gravée en creux , repréfentant un
bufte de femme , montée en or.

940 Une Bague d'une topafe du Bréfil,
montée en or.

941 Une Bague d'un rubis du Bréfil , &
deux diamans fur les corps.

942 Une grande Améthyfte d'un pouce 4
lignes fur un pouce.

943 Un Poignard à lame damafquinée en
or , & à manche de jafpe rouge.

944 Huit Médailles d'argent.

945 Une Table & fa cage de verre blanc.

946 *Idem.*

947 Et fuivans jufques & compris le N°.
1000 , font lots de Coquilles , Criftallifations , Minéraux , Agates , Bijoux , Médailles & autres objets curieux,

---

ONZIEME VACATION.

Du 5 Avril, de relevée.

1001 Un Arbrisseau de corail rouge, formant l'éventail ; 9 pouces & demi de
haut, sur pareille largeur.

1002 Un Lépas à côtes, à bords festonnés,
bruns chatoyans.

1003 *Idem*, plus grand, à bords avan-
turines.

1004 Un grand Burgau dépouillé & poli,
d'un très-bel Orient.

1005 Une très-belle Boucle d'argent, dépouillée jusqu'à la nacre, & polie d'un
volume extraordinaire, 4 pouces de
longueur.

1006 Un grand Sabot, jaspé de brun sur
un fond blanc à base panachée, de couleur de rose.

1007 Un Buccin cantaride, de la nouvelle
Zélande ,

Zélande, & deux Limas papiracé, tous
dépouillés jufqu'à la nacre & polis.

1008 Un Limas papiracé, nacré, & deux
Minarets très-jolis, piquetés de taches
quarrées pourpres, fur un fond blanc.

1009 Une fauffe Aile de Papillon.

1010 Une belle Couronne impériale.

1011 Une belle Tine de beurre bien
colorée.

1012 Une très-belle Cordeliere, bien colorée & conſervée.

1013 Un Fuſeau à dents, de ternate bien
coloré & conſervé, de 7 pouces de
longueur.

1014 Une Muſique de très-grand volume;
3 pouces 3 lignes de longueur.

1015 Une belle Harpe dite, *Harpa nobilis*,
de 2 pouces 9 lignes.

1016 Une ſuperbe Huitre épineuſe, à très-
longues épines blanches nuées de roſe.

On ne peut eſpérer de rencontrer une plus belle Coquille de cette eſpece, ni mieux conſervée.

1017 Une jolie Huitre épineuſe blanche, adhérente à du corail blanc oculé.

1018 Une Huitre épineuſe des Indes, panachée de chevrons violets ſur un fond blanc.

1019 Une très-jolie Came rezeau, à pluſieurs rubans roſes.

1020 Un beau Manteau ducal couleur de roſe.

1021 Une ſuperbe Moule d'Alger, dépouillée & polie, dont les Orients ſont du plus vif éclat.

1022 Un morceau aſſez conſidérable d'or natif, en petites lames ſuperficielles, ſur ſur un kneiſſ rougeâtre de Kirnick, près d'Adrudbania en Tranſilvanie, Forſt. 1780. N° 1421.

1023 Un très-joli morceau de Mine de

cuivre, gorge de pigeon, recouvert de
criſtaux de roche.

1024 Un morceau de Fonte de fer en
éguilles noires très-brillantes, reſſemblantes
à du baſalte, Forſt. 1780, N° 571.

1025 Un beau Grouppe de Pyrites gorge
de pigeon, du centre duquel s'élève un
canon de Spath, dent de cochon, Forſt.
1780, N° 608.

1026 Un beau Grouppe de Spath, tricoté.

1027 Un beau morceau de Spath, dent
de cochon d'Angleterre.

1028 Un Grouppe très brillant de fauſſes
topaſes cubiques, un des cubes eſt
preſqu'iſolé, de Gersdorff en Saxe, Forſt.
1780, N° 228,

1029 Un très-conſidérable Plateau de canon
de criſtal de roche, 14 pouces en
quarré.

1030 Deux morceaux de criſtal de roche,
contenant de l'eau dans l'intérieur.

E ij

1031 Une Cuvette quarrée, & un Baril
de criftal de roche.

1032 Un petit Sceau de criftal de roche,
fur lequel font gravés en creux, différens
poiffons, oifeaux & infectes.

1033 Un Vafe de jafpe de Sibérie, onix,
verd & brun; on a profité des différentes
couleurs pour y graver de relief, des
entrelacs de Pampres, des têtes de Me-
dufe, dont les Serpens forment les anfes
du Vafe; le tout pris fur pieces. Ce
Vafe porte deux pouces & demi de
haut; il eft fur une Plinthe d'agate blanche,
& focle de porphire rouge.

1034 *Idem.*

Nota. La difficulté du travail, la belle qualité
de la matiere & la beauté de l'exécution, rendent
ces morceaux très-importans.

1035 Les Buftes de Monfeigneur le Comte
d'Artois & de Madame la Comteffe,
très-bien gravés, de relief, fur agate blanche appliquée fur compofition bleu.

1036. Un Poignard Turc, à manche de
dent d'hippopotame, gravé en creux.

1837 Un Étui de pouding monté en or,
avec bouton de brillant.

1038 Une paire de Boutons de manche,
en belle cornaline montée en argent.

1039 Une Bague d'un rubis d'Orient,
monté en or.

1040 Une Bague d'une topaſe du Bréſil,
montée en or.

1041 Une Bague d'une belle amethyſte,
montée en or.

1042 Une belle Topaſe de Bohême, 11
lignes ſur 10 lignes.

1043 Deux Plaques ſciées l'une ſur l'autre, d'agate rubannée, du Cabinet de
M. Gallois, Nº 400 de ſon Catalogue.

1044 Deux Plaques en rapport, d'agate
rubannée.

E iij

1045 Une Plaque de lapis ; une d'agate jaspée de rouge.

1046 Une Plaque ovale de cornaline ; une de lapis, gravée en coquilles.

1047 Une Médaille représentant Sobieski, l'autre le Roi de Prusse ; toutes deux en argent.

1048 Une Vierge & l'Enfant Jésus, bien peinte d'après Vandick ; 11 pouces sur 9 dans sa bordure de bois doré.

1049 Deux Plaques, très anciennement émaillées sur cuivre représentant divers sujets de dévotion, & deux autres sortes pieces aussi en cuivre & fort anciennes.

1050 Une Table en bois de chêne, & son plateau en verre blanc.

Les Nos 1051 & suivans, jusques & compris 1100, sont des Lots de Cristallisations, Coquilles, Minéraux, Agate, Médailles, & autres Objets de Curiosité.

DOUZIEME ET DERNIERE VACATION.

Du 7 Avril, de relevée.

1101 Une superbe Limace, 13 pouces
de longueur sur 4 de hauteur, dans sa
cage de verre.

1102 Une Scalata; 1 pouce & demi.

1103 Un très beau Lépas, tête de Méduse,
5 pouces.

1104 Un Lépas bouclier, écaille de tortue,
chatoyant.

1105 Un grand Burgau, dépouillé &
& poli, très-sain & d'un bel Orient;
6 pouces de diametre.

1106 Un superbe Toit Chinois, du plus
grand volume, dépouillé jusqu'à la nacre
& poli; 3 pouces & demi de diametre
à sa base, sur 4 pouces & demi de
haut.

1107 Un grand Limas terreftre papiracé,
umbiliqué, à bouche très-évafé, à clavicule applatie, légerement ftrié, de couleur fauve avec une bande blanchâtre; 3
pouces de diametre.

1108 Un très-beau Cornet à flammes longi-
rudinales & bandes tranfverfales brunes,
fur un fond blanc.

1109 Une belle Tine de beurre vive en couleur.

1110 Une belle Couronne impériale.

1111 Une grande Brunette.

1112 Un Buccin couleur de rofe poli.

1113 Un Bois veiné rare, à petits traits
tranfverfaux bruns fur un fond blanc fale -
orné vers le haut de la coquille d'une bande
jonquille.

1114 Une Harpe à côtes ferrées, ou Manteau de S. James.

1115 Trois Muſiques d'un beau choix & de
couleur variée.

1116 Une très-jolie Mufique verte de l'ef-
pece rare.

1117 Une belle Huitre aurore de la Chine,
3 pouces & demi de diametre.

1118 Une belle Huitre épineufe à longue,
épines rofes.

1119 Une Huitre épineufe à épines blanches, à tête rofe nuée de ponceau.

1120 *Idem.*

1121 Un joli grouppe de trois Gâteaux feuilletés, l'un rofe, l'autre jonquille, & le
troifieme blanc.

1122 Un Manteau ducal nué de rofe & de
brun.

1123 Une Came blanche à trois rubans
rofe; elle eft polie.

1124 Une Moule d'Alger, polie, refléchif-
fant les plus vives couleurs.

1125 Une superbe Came rézeau des Indes,
à bandes rofes , à coque épaiffe.

1126 Une Pépite d'or , mêlée d'un peu de
quartz du Pérou , du poids de deux onces
cinq gros , N°. 1 du Catalogue du Cabinet
de M. de Gouffier.

1127 Une Malachite mamelonnée & veloutée du Bannat.

1128 Un fuperbe grouppe de Pyrites colorées du plus vif éclat fur quartz criftallifé.

1129 Un *Ludus Helmontii* quartzeux , dont
les cellules hexagones font vuides.

1130 Une très-jolie Criftallifation de fardoine
en tuyaux cylindriques parallelles , qui s'é-
levent verticalement fur une bafe de criftaux , couleur d'améthyfte , recouvert eux-
même par la fardoine.

1131 Quartz en très-petits criftaux mame-
lonnés fur une Calcédoine , Forft 1780 ,
N°. 449.

1132 Un grouppe de Criftaux de fpath pe-

sant, en tables rhomboïdal jaunes diver-
sement grouppées les unes sur les autres.

1133 Un grand Grenat dodécaëdre poli sur
toutes ses faces.

1134 Un lot de Pierres fines & fausses, bru-
tes & taillées, dont plusieurs cristallisées
régulierement , telles que Tourmaline ,
Rubis du Brésil , Topases de Saxe , &c.

1135 Seize Pierres de couleur , telles que
Améthystes, Topases, &c.

1136 Un lot de 86 petites Emeraudes,
Rubis d'Orient , &c.

1137 Une très-belle Topase de Bohême, de
14 lignes de longueur sur 13

1138 Un Cachet à trois faces de topase de
Bohême.

1139 Un Goblet & sa Cuvette en cristal de
roche.

1140 Une Topase & un Rubis du Brésil.

1141 Une Améthyste claire de forme ovale,
10 lignes de diametre.

1142 Sept petites Pierres Aventurine ,
Agate arborisée , &c.

1143 Cinq Loupes de perles , dont une en
grappe de raisin.

1144 Six belles Pierres gravées en creux
fur agate , fardoine , améthystes, onix , &c.

1145 Une Cornaline & deux Sardoines gravées en creux.

1146 Une Cornaline de belle qualité , gravée en creux , repréfentant une femme
devant une statue de Priape.

1147 Une Cuvette ronde de cornaline. 1
pouce & demi de diametre.

1148 Deux fuperbes Cornalines , dont une
avec le nom de Jéfus & Marie , émaillé.

1149 Six Plaques de cornaline d'un beau
choix.

1150 Six *idem.*

1151 Un Collier de vingt-sept petites plaques de corail, sculpté en entrelacs de rubans & repercés à jour.

1152 Une Tabatiere de cristal de roche
gravée, montée en cage.

1153 Une très-belle Plaque de prime d'a-
méthyste, ornée dans le milieu de deux
bandes sinueuses formées de lignes jaunes,
bleues & pourpres du plus bel effet, 6
pouces sur 4 pouces.

1154 Une Bague montée en or, agate arborisée très-singuliere, représentant par-
faitement deux papillons, l'un les aîles
étendues, & l'autre les aîles fermées ; on
y distingue jusqu'aux antennes, sur un fond
blanc bien net.

1155 Une Bague montée en or d'un caillou
d'Egypte, dans lequel on distingue une
tête de vieille femme.

1156 Une Bague montée en or, d'un jaspe

rouge & jaune, repréſentant très-bien un buſte de profil.

1157 Une grande Médaille d'argent repréſentant le Régent.

1158 Un Tableau en pierres de rapport, telles que jaſpes & agates, repréſentant un hermitage avec payſage, figures & fabriques.

1159 Deux Tableaux chinois peint ſur glaces, repréſentans des pavillons chinois avec figures & payſages; ils ſont bien conſervés, avec bordures dorées, 2 pieds 9 pouces ſur deux pieds.

1160 Un Tableau peint ſur bois repréſentant des évolutions militaires dans la cour d'une fortereſſe, dans ſa bordure dorée, 19 pouces de large ſur 15 de haut.

1160 bis. Deux Buſtes en bronze, grands comme nature, très-bien réparés, repréſentans Gallien & Avicenne.

Les Nos. 1161 & ſuivans juſques & compris

le N°. 1200 font lots de Coquilles,
Cristallifations, Minéraux, Agates, Bijoux, Médailles & autres Curiofités.

F I N.

Lû & approuvé ce 21 Mars 1783.
                    COCHIN.